FORSCHUNGSBERICHT DES LANDES NORDRHEIN-WESTFALEN

Nr. 3104 / Fachgruppe Elektrotechnik/Optik

Herausgegeben vom Minister für Wissenschaft und Forschung

Dipl. -Phys. Detlef Leseberg
Prof. Dr. rer. nat. Gerhard Pietsch
Lehr- und Forschungsgebiet Grundgebiete der Elektrotechnik
und Gasentladungstechnik
der Rhein. -Westf. Techn. Hochschule Aachen

Interferometrische Untersuchungen von Schaltlichtbögen in strömendem SF_6

Westdeutscher Verlag 1982

CIP-Kurztitelaufnahme der Deutschen Bibliothek

Leseberg, Detlef:
Interferometrische Untersuchungen von Schaltlichtbögen in strömendem SF_6 [SF] / Detlef Leseberg ; Gerhard Pietsch. - Opladen : Westdeutscher Verlag, 1982.

(Forschungsberichte des Landes Nordrhein-Westfalen ; Nr. 3104 : Fachgruppe Elektrotechnik, Optik)

ISBN 978-3-531-03104-0

NE: Pietsch, Gerhard:; Nordrhein-Westfalen: Forschungsberichte des Landes ...

Herstellung: Westdeutscher Verlag
Lengericher Handelsdruckerei, 4540 Lengerich

ISBN 978-3-531-03104-0 ISBN 978-3-322-87699-7 (eBook)
DOI 10.1007/978-3-322-87699-7

Inhalt

0 Einleitung

Die Funktionstüchtigkeit der Schaltanlagen in Hochspannungsnetzen ist Voraussetzung für eine sichere Energieversorgung. In Ballungsräumen werden wegen ihrer geringen Außenabmessungen zunehmend vollgekapselte, schwefelhexafluorid-isolierte Schaltfelder in Betrieb genommen. Das zentrale Sicherheitselement ist dabei der Hochspannungsleistungsschalter, der Schwefelhexafluorid (SF_6) sowohl als Isolier- als auch als Löschmedium verwendet.

Das Anwachsen der Kurzschlußströme in den Übertragungs- und Verteilungsnetzen erfordert neue Konzeptionen für die Leistungsschalter, die auf dem Verständnis der physikalischen Elementarprozesse beim Ausschaltvorgang beruhen.

Eine geschlossene Beschreibung des Schaltlichtbogens, die mit vertretbarem Aufwand insbesondere die dynamischen Vorgänge unmittelbar vor und nach dem Stromnulldurchgang für alle Schaltertypen und Belastungsfälle befriedigend wiedergibt, ist bislang nicht erreicht worden.

Es hat bereits früh Bemühungen gegeben, den Schaltvorgang durch Verwendung verhältnismäßig einfacher Zweipolmodelle für den Lichtbogen zu beschreiben / 1 /. Diese Bemühungen sind für druckluftbeblasene Schaltlichtbögen erfolgreich gewesen / 2 /. Im Falle des SF_6-Schalters bleibt eine solche Zweipolbeschreibung jedoch problematisch, wie neuere Untersuchungen gezeigt haben / 3 /, und bietet keine Handhabe für Neukonstruktionen.

Erst vor einigen Jahren wurden die Grundlagen für detaillierte, physikalisch begründete Lichtbogenmodelle gelegt. Durch die experimentelle Bestimmung einiger grundlegender Eigenschaften des SF_6 wie elektrische Leitfähigkeit und Wärmeleitfähigkeit / 4 / war es möglich, andere, meßtechnisch schwer zugängliche Materialeigenschaften wie z. B. die Lichtbogenstrahlung über aufwendige Modellrechnungen zu ermitteln / 5 /.

Mit diesen Kenntnissen konnten prognostizierende Modellrechnungen zum Schaltvermögen von SF_6-Leistungsschaltern durchgeführt werden / 6 /. Hierbei mußten allerdings einige Kühlmechanismen, insbesondere die Lichtbogenturbulenz, abgeschätzt werden. Da diese Abschätzungen qualitativer Art sind, führt erst die Verwendung von Anpaßfaktoren zu Übereinstimmungen von Rechnung und Experiment.

Lichtbogenturbulenzen in der Löschdüse entstehen durch Scherkräfte zwischen Gasströmungen unterschiedlicher Geschwindigkeiten /7/. Sie können sowohl an der Grenzfläche zwischen dem leitfähigen Lichtbogenkern und dem nichtleuchtenden Heißgasmantel als auch zwischen dem Heißgasmantel und der kalten Löschgaszone wirksam werden. Diese Wechselwirkung der Löschgasströmung mit den beiden Lichtbogenzonen ist bislang nur unvollkommen untersucht /8/.

Das Ziel der vorliegenden Arbeit ist es, die Lichtbogenausdehnung sowie die Wechselwirkung der Kaltgasströmung mit derjenigen des nichtleuchtenden Lichtbogenbereichs in der gesamten Schaltstrecke im Verlauf einer Stromunterbrechung zu untersuchen. Meßverfahren ist die holographische Interferometrie. Dieses Verfahren erlaubt es,

- das Verhalten der Löschgasströmung,
- den Durchmesser des Heißgasmantels,
- den radialen Temperaturverlauf unterhalb der Dissoziationstemperatur des SF_6 sowie
- das Abklingen der Temperatur nach dem Verlöschen des Lichtbogens

innerhalb der Löschdüse des untersuchten Schaltermodells anzugeben.

Diese Arbeit stellt damit eine Erweiterung der in einem anderen Bericht dargestellten Untersuchungen des Schaltlichtbogens in strömendem SF_6 während der Unterbrechung von Kurzschlußströmen dar /9/.

1 Versuchseinrichtung und Doppelpuls-Holographie am SF_6-Schaltlichtbogen

1.1 Versuchseinrichtung und -aufbau

Die Versuchseinrichtung besteht aus einer Lichtbogenapparatur, Versorgungseinrichtungen sowie einem optischen Aufbau zur Aufnahme von holographischen Interferogrammen mit einem Impulslaser.

Die SF_6-Lichtbogenapparatur ist ein Schaltermodell mit einer Lavaldüse aus Glas von 12 cm Länge und einem engsten Düsendurchmesser von 3,8 cm. Die Schaltstrecke von 7,5 cm ist durch großflächige Fenster in einer Kapselung der Apparatur einsehbar.

Die Stromversorgung erfolgt aus einem Kettenleiter, der einen Gleichstrom von 1,8 kA über mehrere Millisekunden liefert. Zur Nachbildung von Kurzschlußströmen, wie sie in Hochspannungsnetzen auftreten, kann dem Strompuls ein Schwingstrom überlagert werden, so daß Stromnulldurchgänge mit definierten Stromsteilheiten erzeugt werden können.

Das Schaltermodell sowie die Versorgungs- und Steuereinrichtungen sind bereits an anderer Stelle ausführlich beschrieben / 9 /.

Die Versuchseinrichtung zur holographischen Interferometrie ist in Bild 1 skizziert: Der aufgeweitete Strahl eines Impuls-(Rubin-) Lasers wird zur Erzielung von holographischen Aufnahmen durch einen Strahlteiler in eine das Aufnahmeobjekt durchdringende Welle und eine Referenzwelle aufgespalten, die auf der Hologrammplatte gespeichert werden. Ein schmalbandiges Interferenzfilter verhindert eine Überbelichtung des Hologramms, indem die Eigenstrahlung des Lichtbogens außerhalb der Laserwellenlänge abgeblockt wird.

Die Glasdüse der Lichtbogenapparatur stellt für den Strahlengang ein komplexes optisches Objekt dar, das den parallelen Objektstrahl stark verzerrt. Eine Bikonvexlinse hinter der Düse sammelt divergente Strahlanteile und reduziert den Objektstrahldurchmesser auf den des Referenzstrahls, so daß Informationsverluste, z. B. eine Gesichtsfeldeinbuße bei der Rekonstruktion, vermieden werden. Mit der Bikonvexlinse und der Wahl eines geeigneten Abstandes der Hologrammplatte von der Lichtbogenapparatur wird verhindert, daß es an einzelnen Stellen der Hologrammplatte zu Überstrahlungen kommt. Bei der Strahlführung sind außerdem Reflexionen an Glasflächen vom Referenzstrahl in den Strahlengang des Objektstrahls zu beachten. Unkontrollierbare Reflexionen erzeugen Hell-Dunkel-Muster im Interferogramm, die nichts mit den holographisch erzeugten Interferogrammen zu tun haben. Sie sind die Ursache für beobachtete sich kreuzende Verläufe von Interferenzstreifen.

Der zur Anfertigung von Durchlicht-Fresnel-Hologrammen vielfach verwendete Aufbau unter Benutzung einer Mattscheibe im Objektstrahlengang läßt sich hier nicht einsetzen, weil insbesondere die Granulation (Speckle-Effekt) die Auflösung in nicht mehr tolerierbarer Weise begrenzt. Hier wird daher die direkte Durchstrahlung verwendet.

Lichtquelle für die Durchleuchtung des Objekts ist ein Rubinlaser, der in der Pulsdauer von 30 ns eine Lichtenergie von 30 mJ abstrahlt[+)]. Der verwendete Laser ist mit zwei Etalons zur Modenselektion ausgestattet und erreicht damit eine Kohärenzlänge von etwa 80 cm. - Mit einer Doppelpulseinrichtung können zwei Laserpulse im Abstand von 1 bis zu 800 μs ausgelöst werden.

Das Aufnahmematerial[++)] wird nach der Belichtung einem Bleichprozeß unterworfen, bei dem die belichteten Silberkörner der photographischen Emulsion in lichtdurchlässige Silberkristalle umgewandelt werden. Durch diesen Prozeß erhält man aus Amplituden- Phasenhologramme, die sich bei der Rekonstruktion bezüglich der verwertbaren Strahlungsleistung günstiger verhalten /10/.

+) JK-Laser-System 2000

++) Agfa-Gevaert 8E 75

1.2 Holographische Interferometrie

Bei der klassischen Interferometrie erfolgt eine Strahlteilung und eine anschließende räumliche Vereinigung beider Teilstrahlen. Die Anwendung der holographischen Speichertechnik ermöglicht es, zwei Hologramme, das eine z. B. mit und das andere ohne Phasenobjekt, zu verschiedenen Zeitpunkten aufzunehmen und gemeinsam zu rekonstruieren, wobei die Wellen miteinander interferieren. Damit erreicht man eine zeitliche Vereinigung der Wellenzüge.

Stellt O_1 die komplexe Amplitude, die die Objektwelle mit Phasenobjekt auf dem fotografischen Material hervorruft und R diejenige der Referenzwelle dar, dann empfängt die lichtempfindliche Schicht die Amplitude $R + O_1$ und die Beleuchtung

$$E_1 = (R + O_1)\ (R^+ + O_1^{\ +})$$

(R^+ und $O_1^{\ +}$ sind konjugiert komplexe Größen).
Wird ohne zu entwickeln ein zweites Mal z. B. ohne das Phasenobjekt belichtet, dann ist die Beleuchtung

$$E_2 = (R + O_2)\ (R^+ + O_2^{\ +}).$$

Die fotografische Schicht empfängt die Energie W in der Belichtungszeit τ :

$$W = \tau(E_1 + E_2)$$

$$W = 2\tau|R|^2 + \tau(|O_1|^2 + |O_2|^2) + \tau R^+(O_1 + O_2) + \tau R(O_1^{\ +} + O_2^{\ +}).$$

Nach der Entwicklung läßt das Negativ die Amplitude t durch, die zur Energie W proportional ist. Wird wie üblich eine lineare Beziehung zwischen τ und W mit dem Proportionalitätsfaktor β angenommen, dann gilt für die Amplitudentransparenz

$$t = t_o - \beta \cdot \tau[(|O_1|^2 + |O_2|^2) + R^+(O_1 + O_2) + R(O_1^{\ +} + O_2^{\ +})].$$

Bei Bestrahlung mit der Rekonstruktionswelle beschreibt der erste Term die direkt durchgelassene Welle bis auf einen konstanten Faktor. Der erste Klammerausdruck entspricht einer Veränderung der Transparenz aufgrund der Beleuchtung mit den Objektwellen. - Der zweite und dritte Term des Klammerausdrucks geben die Amplituden- bzw. konjugiert komplexe Amplitudensumme der Objektwellen wieder. Bei Beleuchtung mit der Rekonstruktionswelle erhält man sowohl in der direkten als auch in der konjugierten komplexen Welle je zwei Objektbilder, die miteinander interferieren, ohne aber gleichzeitig registriert worden zu sein.

Die Verwendung der holographischen Speichertechnik bietet darüberhinaus praktische Vorteile, die die Einsatzmöglichkeit der Interferometrie wesentlich erweitert hat. Diese Vorteile sind bei Einsatz eines Impulslasers vor allem

- eine hohe zeitliche Auflösung,
- hochwertige optische Bauelemente sind entbehrlich und
- unempfindlicher Meßaufbau ohne Schwingungsisolierung.

1.3 Rekonstruktion

Zur Rekonstruktion der Hologramme wird ein getrennter Aufbau verwendet. Der Strahl eines He-Ne-Lasers wird aufgeweitet und trifft wie die Referenzwelle auf das Hologramm.

Der Wechsel der Wellenlänge zwischen Aufnahme (Rubinlaserwellenlänge 694,3 nm) und Rekonstruktion (He-Ne-Laserwellenlänge 632,8 nm) führt zu einem im Wellenlängenverhältnis verkleinerten Bild, wenn sowohl zur Aufnahme als auch zur Rekonstruktion ebene Wellen verwendet werden /10/.

Konkav- und Sammellinseneigenschaften der Glasdüse, insbesondere im Düsenengstellenbereich sowie Schlieren und Riefen im Glas von Fenstern und Düse führen zu Verzerrungen der Objektwellen, die eine Auswertung von Interferenzstreifensystemen erschweren bzw. unmöglich machen.

Die Verzerrungen lassen sich jedoch weitgehend aufheben, indem zur Abbildung anstelle der direkten Objektwelle die konjugiert komplexe zum reellen Bild führende Objektwelle verwendet wird (Bild 2). Der Strahlengang des reellen Bildes ist zugänglich, so daß dort der Ort größtmöglicher Verzerrungsfreiheit aufgesucht werden kann. - Eine völlige Korrektur der Verzerrungen wäre denkbar, wenn eine Kopie der Löschdüse zur Verwendung im Rekonstruktionsaufbau zur Verfügung stände.

Zum bequemen Auffinden des Ortes größtmöglicher Verzerrungsfreiheit wird bereits bei der Aufnahme ein Kreisringsystem in den Objektstrahl vor der Düse eingebracht, das im Schattenwurf im Strahlengang erhalten bleibt.

Zur Anpassung des Objektstrahldurchmessers an die Größe des das Interferogramm registrierenden Planfilms und zur Wahl des Vergrößerungsmaßstabes wird in den Strahlengang der konjugiert komplexen Wiedergabewelle eine geeignete Sammellinse eingefügt.

Am Bogenrand sind Temperaturgradienten von etwa $3 \cdot 10^6$ K/m zu erwarten. Dieser Gradient ergibt bei den Versuchsbedingungen im Schaltermodell Interferenzstreifendichten von etwa 20 Linienpaaren/mm. Die Auflösung des Interferogramms ist durch die Beugung an der Hologrammberandung begrenzt und beträgt im vorliegenden Experiment etwa 100 Linienpaare/mm. Eine weitere Steigerung der Auflösung des Lichtbogens wurde durch die Vergrößerung des rekonstruierten Bildes mit der Sammellinse im Strahlengang der Wiedergabewelle erreicht.

2 Strömung in der Löschdüse

2.1 Löschgasströmung ohne Lichtbogen

Die Löschgasströmung in der Düse ist untersucht worden, indem als Referenzaufnahme ein Hologramm der Düse ohne Gasströmung beim Druck des SF_6-Hochdruckreservoirs verwendet wurde. Aufgrund der verschieden langen optischen Weglängen von der Düsenachse zum Düsenrand hin sind gekrümmte Interferenzlinien zu erwarten, wie sie qualitativ in Bild 3 dargestellt sind. Bild 4 gibt das Interferenzstreifensystem der Löschgasströmung im Einlaufbereich der Düse bei einem Druckverhältnis von 9 : 1 bar SF_6 wieder. Aufgrund von Totalreflexionen ist der Düsenrandbereich nicht einsehbar. Der Interferenzstreifenverlauf hat nicht in allen Bildteilen den erwarteten Verlauf. Dieses deutet auf leichte Unsymmetrien bei der Einströmung hin.

Bild 5 zeigt das zugehörige Interferenzstreifensystem im Auslaufbereich der Düse. Vor der Elektrode ist deutlich ein Verdichtungsstoß (Machscheibe), im Randbereich ein Gabelstoß erkennbar. Bild 6 gibt die Strömungsvorgänge in der Düse schematisiert wieder.

Zur Überprüfung der Stationärität der Strömung sind Hologramme zu unterschiedlichen Zeiten aufgenommen worden. Bild 7 zeigt das Interferenzstreifenbild von der Strömungsänderung im Düseneinlaufbereich im Abstand von 500 µs. Die im Vergleich zu Bild 4 bzw. 5 äußerst geringe Streifendichte, die zudem ihren Ursprung auch in einer Vibration des Versuchsgefäßes haben kann, weist auf konstante Strömungsverhältnisse hin.

Interferogramme, wie sie z. B. in Bild 4 und 5 wiedergegeben sind, wurden zur Ermittlung des Druck- bzw. Dichteverlaufs in der Düse herangezogen. Die Auswertung erfolgte in der Nähe der Düsenachse. Die optische Weglängendifferenz Δ ist mit der Anzahl k der Interferenzstreifen angebbar

$$\Delta = (n_{\rho max} - n_{\rho(z)}) \cdot D(z) = k \cdot \lambda$$

(n : Berechnungsindex, ρ_{max} : SF_6-Dichte des Hochdruckreservoirs, D : Düsendurchmesser, λ = 694,3 nm, Laserwellenlänge)

Mit der Gladstone-Dale-Beziehung

$$n - 1 \sim \rho$$

gilt, wenn der Index $_o$ die Werte bei Atmosphärendruck bezeichnet

$$\Lambda = \frac{n_o - 1}{\rho_o} (\rho_{max} - \rho(z)) \cdot D(z) = k \cdot \lambda,$$

so daß mit Kenntnis der Refraktivität des SF_6 /11/, der Dichte des SF_6 bei Atmosphärendruck und im Hochdruckreservoir sowie der Schichtdicke des SF_6 die Dichteverteilung gewonnen werden kann. - Eingeschränkte Sichtverhältnisse im Düseneinlauf verhindern die Beobachtung des Interferenzstreifens nullter Ordnung, so daß der Startwert für die Zählung der Interferenzstreifen aus der theoretisch gewonnenen Kurve der Dichteverteilung /9/ durch Anpassung an die Messung bestimmt wird (Bild 8).

Die im Bild 8 deutlich erkennbare Abweichung des gerechneten und gemessenen Dichteverlaufs im Bereich des Düseneinlaufs ist hier auf die Freistrahlablösung im Überschallbereich der Düse zurückzuführen.

2.2 Löschgasströmung mit Lichtbogen

Bei der Aufnahme von Interferogrammen mit Lichtbogen in der Düse wurden die Referenzaufnahmen jeweils mehrere hundert Mikrosekunden nach Beendigung des Stromflusses gemacht. Bild 9 zeigt das Interferenzstreifenmuster eines Versuchs, bei dem ein Lichtbogen stationär mit 700 A betrieben wurde. An der geringen Streifendichte in den achsenfernen Bereichen der Düse ist erkennbar, daß die Löschgasströmung außerhalb des Lichtbogens praktisch nicht beeinflußt wird. Zwischen der unbeeinflußten Kaltgasströmung und den vom Bogen beeinflußten Bereichen besteht eine nahezu scharfe Trennungslinie. Vor der niederdruckseitigen Elektrode sind zwei Verdichtungsstöße erkennbar, die von Dichtesprüngen bei Bedingungen der Referenzaufnahme und derjenigen mit Lichtbogen herrühren.

Zum Vergleich enthält Bild 10 ein Interferenzstreifensystem, bei dessen Aufnahme der Lichtbogen mit einem schnell veränderlichen Strom gespeist wurde. Nach einem zunächst für mehrere Millisekunden stationär brennenden Lichtbogen mit 1,8 kA ist dem Stromverlauf ein Schwingstrom überlagert, der zu einer Stromrampe definierter Steilheit führt. Bild 10 gibt die Verhältnisse bei einem Strommomentanwert auf der Rampe von 700 A wieder. Besonders im Unterschallbereich sind parallel zur Düsenachse verlaufende Interferenzstreifen beobachtbar, die einen schrumpfenden Bogen mit radialen Dichtegradienten auch im umgebenden Kaltgas anzeigen.

Im Überschallbereich der Düse weitet sich der Bogen stark auf. Die zwischen der Kaltgasströmung und den vom Lichtbogen beeinflußten Bereichen befindliche Trennungslinie weicht zunehmend von einem glatten Verlauf ab. Die bereits mit einer Trommelkamera registrierten Lichtbogenauslenkungen sind erkennbar /9/.

Im Bereich der Trennungslinie zwischen Kaltgas und Lichtbogen wird zum Düsenaustritt hin immer ausgeprägter eine Mischzone erkennbar, die auf eine Verwirbelung von kalten und heißen Gasströmungen zurückzuführen ist. Die Turbulenzentstehung in diesem Bereich kann über Scherkräfte zwischen Gasströmungen unterschiedlicher Geschwindigkeiten gedeutet werden. - Im Unterschallbereich nahe der hochdruckseitigen Elektrode, in dem Scherkräfte geringere Effekte erzielen, sind ebenfalls Verwirbelungen zu beobachten. Diese sind vor allem auf den turbulenten Strömungsabriß an der Elektrodenkante zurückzuführen, wie Kontrolluntersuchungen an schlanken, spitzen Elektroden gezeigt haben.

3 Temperaturverlauf am Bogenrand

3.1 Temperaturauswerteverfahren

Die Interferogramme vom Lichtbogen in der Düse lassen eine Temperaturauswertung im Randbereich des Lichtbogens zu. Mit der Gladstone-Dale-Beziehung (s. 2.1) und der allgemeinen Gasgleichung in der Form

$$p = \rho \bar{R} T$$

($\bar{R}$: gasartabhängige Gaskonstante) gilt für die Temperatur des Lichtbogens, die sowohl eine Funktion des Bogenradius r aber auch eine des Ortes auf der Düsenachse z ist

$$T(r,z) = \frac{p(z)}{\bar{R}} \frac{n_o - 1}{\rho_o} \frac{1}{n(r,z) - 1}$$

Mit dieser Gleichung wird vorausgesetzt, daß bei den vorliegenden experimentellen Bedingungen radiale Druckvariationen unbedeutend sind.

Weil die Refraktivitäten vom dissoziierten bzw. teildissoziierten SF_6 nicht bekannt sind, gilt obige Gleichung nur für Temperaturen $\lesssim$ 2000 K.

Unbekannt in dieser Gleichung sind sowohl der Druckverlauf in der Düse p(z) als auch die Refraktivität n(r,z) - 1. Für p(z) werden aus dem gemessenen Dichteverlauf mit Hilfe des Gasgesetzes berechnete Werte im Kaltgasbereich verwendet. - Die Refraktivität wird über das Auszählen von Interferenzstreifen ermittelt. Dazu sind die Interferogramme in geeigneter Weise stark zu vergrößern (Bild 11).

Die interferometrische Beobachtung erfolgt aus meßtechnischen Gründen nicht radial sondern von der Seite aus. Daher sind die Meßwerte einer Abelinversion zu unterziehen / 9/. Voraussetzung für die Umrechnung von Quer- in Radialverteilungen mit der Abelschen Integralgleichung ist das Vorliegen von Rotationssymmetrie. Zur Auswertung wurden nur symmetrische Querverteilungen herangezogen.

Als mögliche Abweichungen von der Rotationssymmetrie müssen alle Wirbelbildungen und Bogenauslenkungen angesehen werden. Dichtefluktuationen, deren Ausdehnung kleiner als 5 µm sind, werden bei der Integration durch den Sehstrahl gemittelt, sie liegen außerhalb der Auflösungsgrenze. - Fluktuationen mit Durchmessern zwischen 5 und 50 µm lassen sich vor der Auswertung leicht graphisch ausmitteln. Ihre Ausdehnung ist geringer als der mittlere Streifenabstand (~ 50 um bei 10^7 K/m), so daß jeweils nur eine leichte Ausbuchtung eines Streifens auftritt. - Dichtefluktuationen größerer Abmessung und Lichtbogenauslenkungen beeinträchtigen die Auswertbarkeit ganzer Interferogrammbereiche, so daß an diesen Stellen nicht ausgewertet wurde.

Weitere Fehlermöglichkeiten sind im Temperaturausgangswert $\frac{p(z)}{\bar{R}\cdot\rho_o} = T_o$ zu sehen. Wird T_o zwischen 250 und 500 K variiert, so beträgt der Einfluß auf das Ergebnis bei Temperaturen $\gtrsim$ 1000 K nur wenige Prozent. - Unbedeutend ist der Fehler auch für denselben Temperaturbereich, wenn wegen eines begrenzten Gesichtsfeldes zum Düsenrand hin die absolute Ordnung des ersten sichtbaren Streifens durch Extrapolation gewonnen werden muß.

3.2 Radiale Temperaturprofile

Mit Hilfe des beschriebenen Auswerteverfahrens sind die Temperaturverläufe am Bogenrand des Bildes 12 an verschiedenen Orten auf der Düsenachse z gewonnen worden. Zu jedem z-Wert sind zwei Kurvenzüge angegeben. Sie entsprechen den radialen Temperaturverläufen eines stationär bzw. transient in der Stromrampe bei vergleichbarem Momentanwert brennenden Lichtbogens. Bei größeren Stromsteilheiten - hier 16 A/µs - hinterläßt die heiße Bogensäule aus dem Hochstrombereich eine größere Heißgaszone, die sich verhältnismäßig langsam mit der Gasströmung abbaut. - Bild 13 zeigt beispielhaft, daß selbst 50 µs nach dem Abschalten des Stroms die Heißgassäule nicht abgebaut ist. Dieser Effekt ist für das Schaltvermögen der Anordnung bedeutsam.

Bemerkenswert an Bild 12 ist weiterhin, daß im Überschallbereich der Düse (z = 24 mm) das radiale Temperaturprofil bei verschiedenen Aufnahmen weit über die Streuung hinausgehende unterschiedliche Steigungen aufweist. Dieses ist ein weiterer Hinweis auf ausgeprägte turbulente Vorgänge in diesem Düsenbereich. - Bild 14 zeigt dazu die spektroskopisch /9/ und aus diesen Messungen zusammengesetzten vollständigen Temperaturprofile zum Vergleich im Düseneintrittsbereich und in der Düsenengstelle. Während die Interpolation des Temperaturverlaufs im Unterschallbereich eindeutig möglich ist, ist diese Eindeutigkeit in der Düsenengstelle nicht mehr gegeben. Daraus folgt außerdem, daß im vorliegenden Experiment eine Stufe im Temperaturprofil bei der Dissoziationstemperatur des SF_6 allenfalls im Überschallbereich der Düse auftritt.

3.3 Radius des Heißgasmantels

Mit derselben Auswertemethode sind Isothermen bzw. der Radius der Kaltgasgrenze eines stationär brennenden Lichtbogens über dem Ort auf der Düsenachse in der gesamten Schaltstrecke ermittelt worden (Bild 15). Auch hier sind die Abweichungen von den ausgezogenen Ausgleichskurven auf turbulente Verwirbelungen zurückzuführen. Bereits vor der Düsenengstelle ist eine Aufweitung der vom Lichtbogen beeinflußten Gasströmung zu beobachten.

Den Einfluß der Elektrode auf die 2000 K-Isotherme bei verschiedenen (stationären) Strömen dokumentiert schließlich Bild 16. Für kleine Ströme bleibt der Durchmesser des Heißgasmantels bedingt durch die Mischungszone hinter der hochdruckseitigen Elektrode endlich.

4 Zusammenfassung

An einem SF_6-Schaltermodell mit einer Düse aus Glas sind interferometrische Untersuchungen mit Hilfe der Doppelpuls-Holographie durchgeführt worden. Die holographische Interferometrie gestattet es, ohne hochwertige optische Bauelemente und mit geringen Ansprüchen an die Schwingungsisolierung des Meßaufbaus die Löschgasströmung in der Düse zu untersuchen. Bildverzerrungen, insbesondere durch die Abbildungseigenschaften der Düsenwand, konnten weitgehend kompensiert werden.

Strömungsuntersuchungen ohne Lichtbogen in der Düse geben Aufschluß über das Einströmverhalten und über Verdichtungsstöße vor der niederdruckseitigen Elektrode. Der Druck- bzw. Dichteverlauf in der gesamten Schaltstrecke ist durch Auszählen von Interferenzstreifen gewonnen worden.

Holographische Aufnahmen von Hochstromlichtbögen in der Löschdüse unterscheiden sich je nachdem, ob der Lichtbogen stationär brennt oder mit einem schnell veränderlichen Strom gespeist wird. - Deutlich erkennbar ist der Grenzbereich zwischen Kaltgas und der vom Lichtbogen beeinflußten Strömung. Von der hochdruckseitigen Elektrode ausgehend sind zunehmend Verwirbelungen und Lichtbogenauslenkungen registriert worden. Nahe der Hochdruckseite werden diese Turbulenzen vorwiegend auf den Strömungsabriß an der Elektrodenkante zurückgeführt, während im Überschallbereich Scherkräfte zwischen Strömungen unterschiedlicher Geschwindigkeit und Bogenauslenkungen die Lichtbogenform prägen.

Die Interferogramme vom Lichtbogen in der Düse haben eine Bestimmung des Temperaturverlaufs im Randbereich des Lichtbogens an verschiedenen Orten auf der Düsenachse bis zu 2000 K zugelassen. Damit konnten durch Zusammensetzung mit bereits früher spektroskopisch gewonnenen Temperaturverläufen und Interpolation zwischen den mit beiden Meßverfahren gewonnenen Werten vollständige Temperaturprofile des SF_6-Schaltlichtbogens angegeben werden. Die Interpolation ist im Unterschallbereich der Düse eindeutig, im Überschallbereich aufgrund zunehmender Verwirbelungen jedoch nicht. - Der Durchmesser des Heißgasmantels des Lichtbogens sowie der Abbau der Heißgassäule nach dem Verlöschen des Lichtbogens wurden gemessen.

L i t e r a t u r

/1/ A. M. Cassie:
A New Theory of Rupture and Circuit Severity
CIGRE Rep. 102 (1939)

O. Mayr:
Über die Theorie des Lichtbogens und seiner Löschung
ETZ-A, Bd. 64 (1943), S. 645-652

/2/ G. Pietsch, H. Rijanto, H. G. Thiel:
Schaltlichtbogen im elektrischen Netz
ETZ-A, Bd. 96 (1975), S. 222-226

/3/ R. Schmidt:
Erweiterung phänomenologischer Lichtbogenmodelle für einen SF_6-beblasenen Schaltlichtbogen
Dissertation RWTH Aachen (1981)

/4/ H. Motschmann:
Über die experimentelle Bestimmung der Wärmeleitfähigkeit und der elektrischen Leitfähigkeit von Wasserstoff und Schwefelhexafluorid im elektrischen Lichtbogen
Z. Phys., Bd. 191 (1966) S. 10-23

Experimentelle Bestimmung der Wärmeleitfähigkeit und der elektrischen Leitfähgikeit von Schwefelhexafluorid im Temperaturbereich unterhalb 9000 ^{o}K
Z. Phys., Bd. 205 (1967) S. 235-248

Prüfung der Plasmaentmischung und Bestimmung einiger Materialfunktionen von Schwefelhexafluorid mittels Temperaturmessungen am 100-A-Kaskadenbogen
Z. Phys., Bd. 214 (1968) S. 42-56

W. Hertz, H. Motschmann, H. Wittel:
Investigations of the Properties of SF_6 as an Arc Quenching Medium
Proc. IEEE, Vol. 59 (1971) S. 485-492

/5/ L. S. Frost, R. W. Liebermann:
Composition and Transport Properties of SF_6 and Their Use in a Simplified Enthalpy Flow Arc Model
Proc. IEEE, Vol. 59 (1971) S. 474-485

/6/ W. Hermann, K. Ragaller:
Theoretical Description of the Current Interruption in HV Gas Blast Breakers
IEEE Trans. PAS, Vol. 96 (1977) S. 1546-1555

/7/ J. Zierep:
Theorie der Strömungen kompressibler Medien
Verlag Braun, Karlsruhe (1972)

A. H. Shapiro:
The Dynamics and Thermodynamics of Compressible Fluid Flow
Verlag Ronald, New York (1958)

/8/ L. Niemeyer, A. Plessl:
The Influence of Flow Geometry on Gas Blast Interruption
IEE Conf. Publ. No. 189, Part 1, Gas Discharges and their Applications, Edinburgh (1980) S. 55-58

/9/ D. Leseberg, K. Möller, G. Pietsch:
Untersuchung des Plasmazustands von Schaltlichtbögen in strömendem SF_6 während der Unterbrechung von Kurzschlußströmen
Forschungsbericht des Landes NRW, Nr. 3019, Westdeutscher Verlag, Opladen (1981)

/10/ H. Kiemle, D. Röss:
Einführung in die Technik der Holographie
Akademische Verlagsgesellschaft, Frankfurt (1969)

/11/ H. Landolt - R. Börnstein:
Physikalisch-chemische Tabellen, Band II, Teil 8
Springer-Verlag, Berlin (1962)

6 Bilder

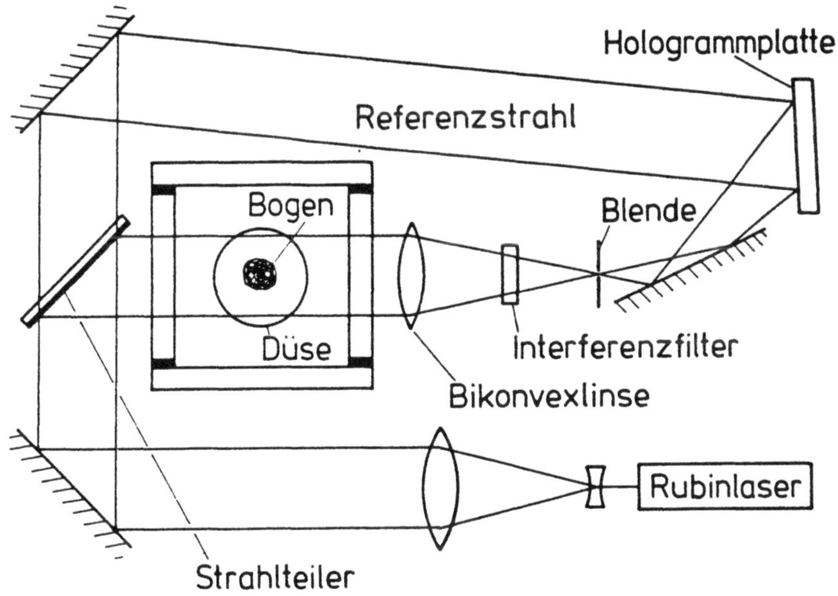

Bild 1 Versuchsaufbau zur holographischen Interferometrie

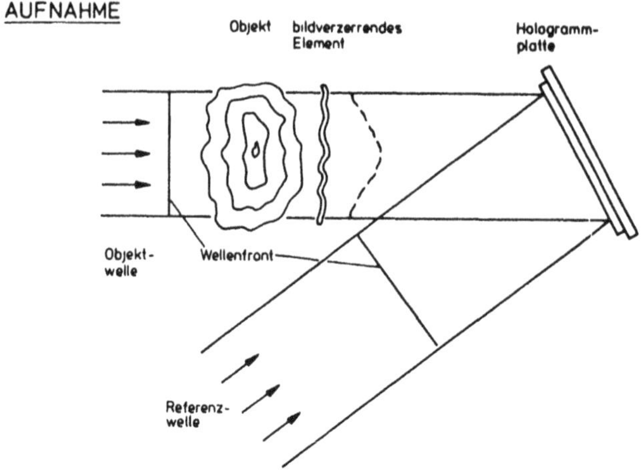

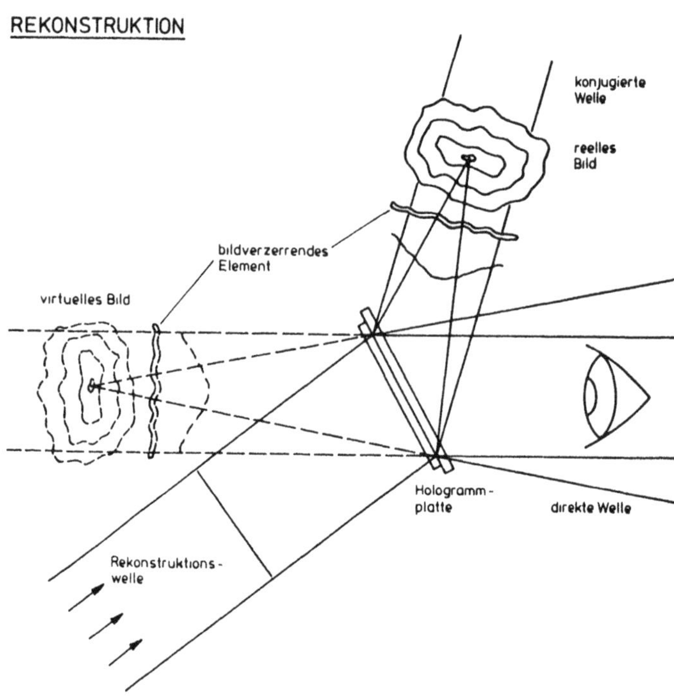

Bild 2 Prinzip des Strahlengangs bei Aufnahme und Rekonstruktion von Hologrammen

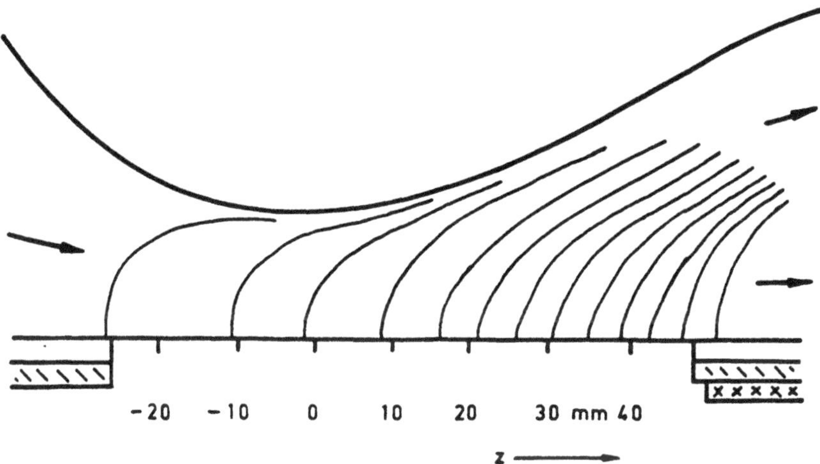

Bild 3 Interferenzstreifenverlauf der Löschgasströmung

Bild 4 Interferenzstreifensystem der Löschgasströmung im Einlaufbereich der Düse bei einem Druckverhältnis von 9 : 1 bar über der Düse (der Schatten in der Düsenachse rührt vom Zündstift /9/ her)

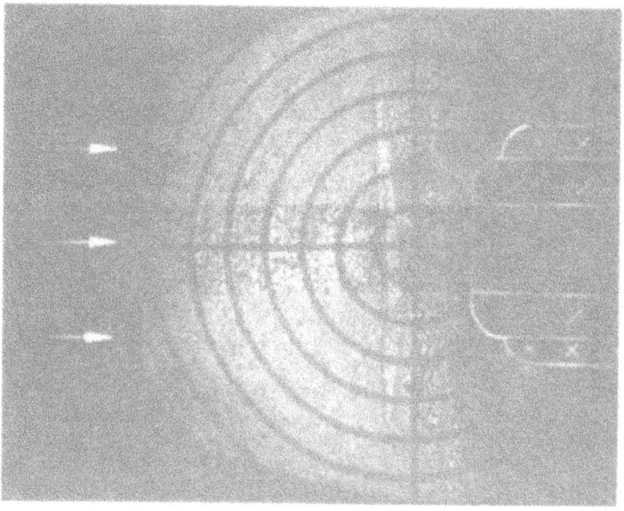

Bild 5 Interferenzstreifensystem der Löschgasströmung im Auslaufbereich der Düse (9 : 1 bar)

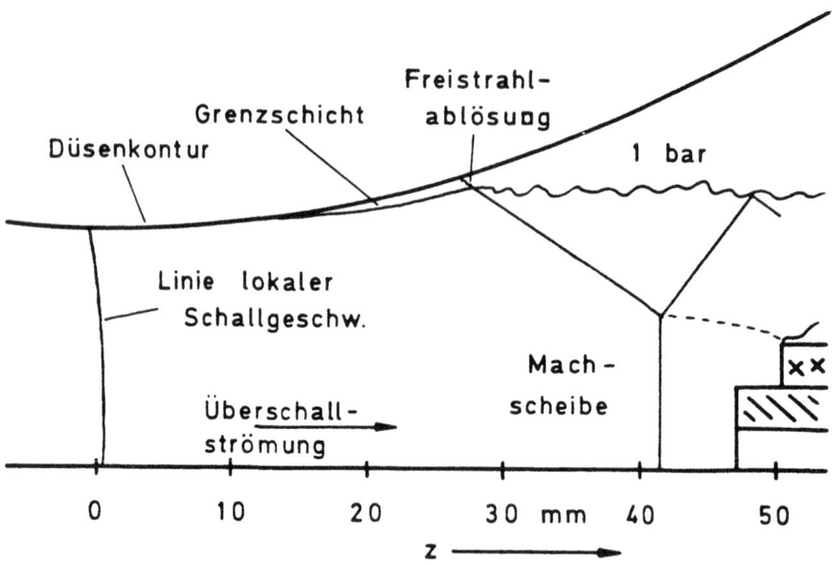

Bild 6 Schema der Strömungsverhältnisse in der Löschdüse

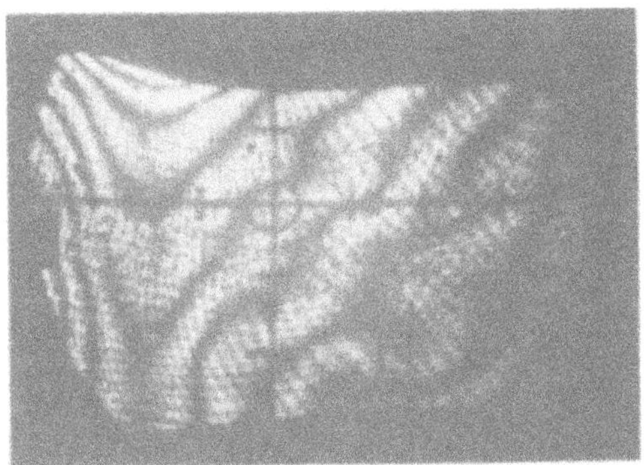

Bild 7 Strömungsänderung im zeitlichen Abstand von 500 µs

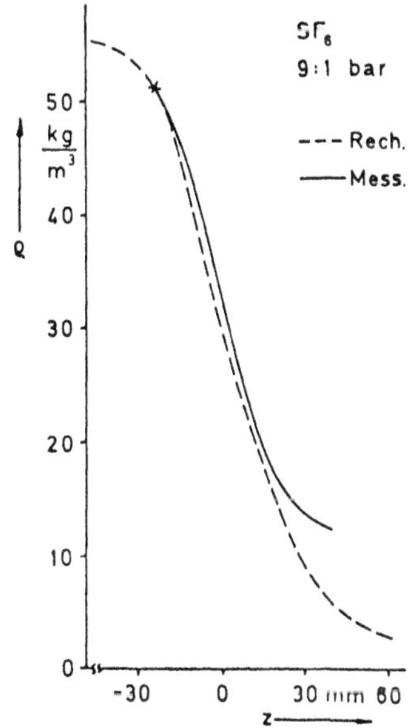

Bild 8 Dichteverlauf in der Löschdüse

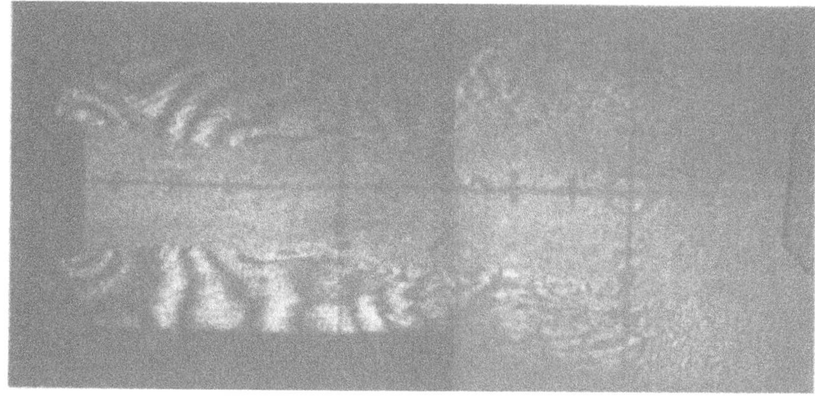

Bild 9 Interferogramm eines mit 700 A stationär brennenden Bogens in der Löschdüse (aus zwei Aufnahmen zusammengesetzt , links Düseneinlauf)

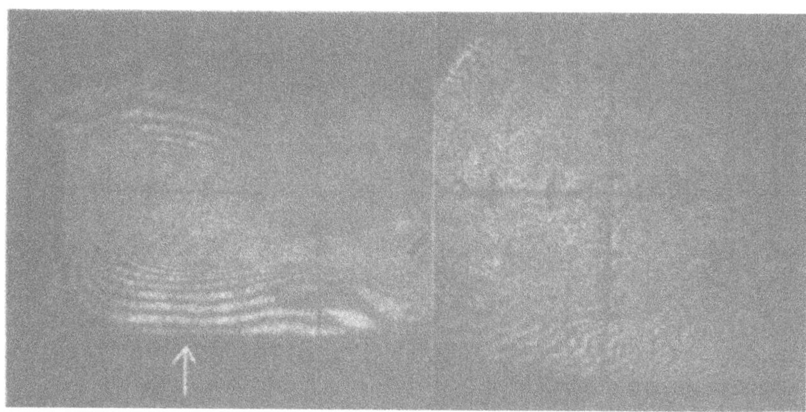

Bild 10 Interferogramm eines bei 700 A transient brennenden Lichtbogens (Pfeil: Ort der Ausschnittvergrößerung des Bildes 11)

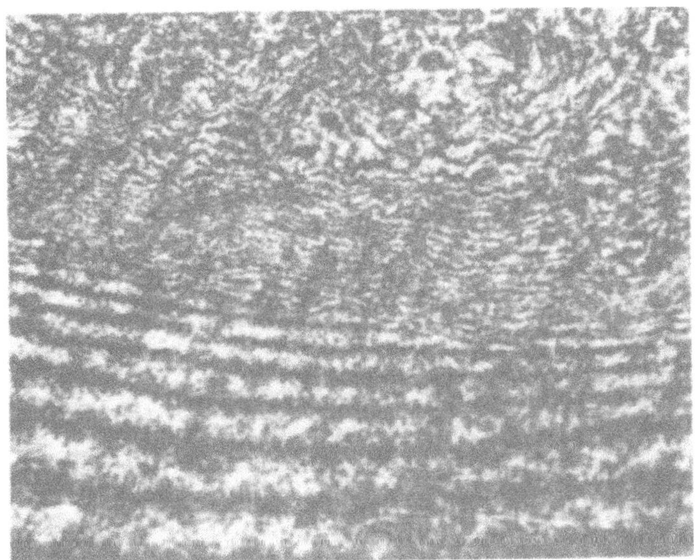

Bild 11 Ausschnittvergrößerung von Bild 10 (⊢—⊣ 500 µm)

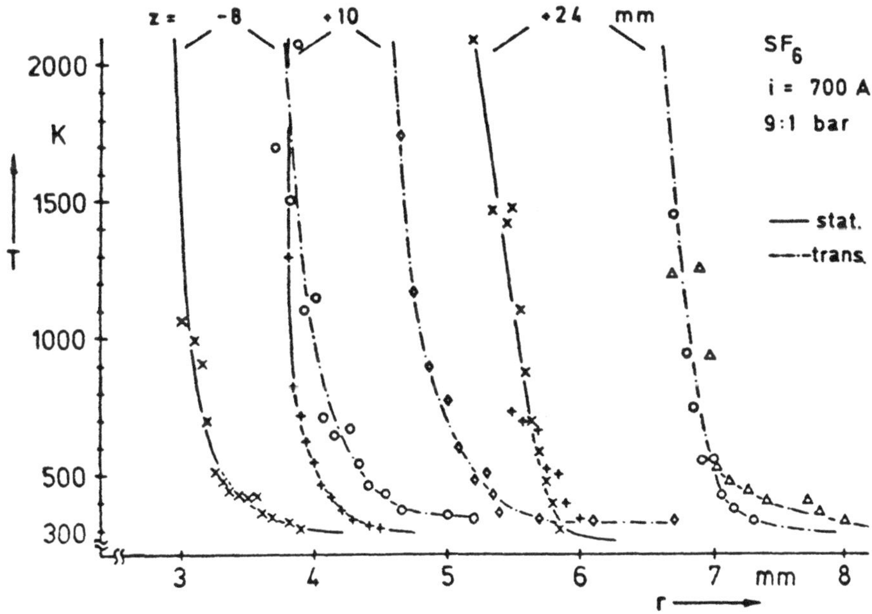

Bild 12 Radiale Temperaturverläufe am Bogenrand (z = 0 : Düsenengstelle, positives z : Abstand in Strömungsrichtung)

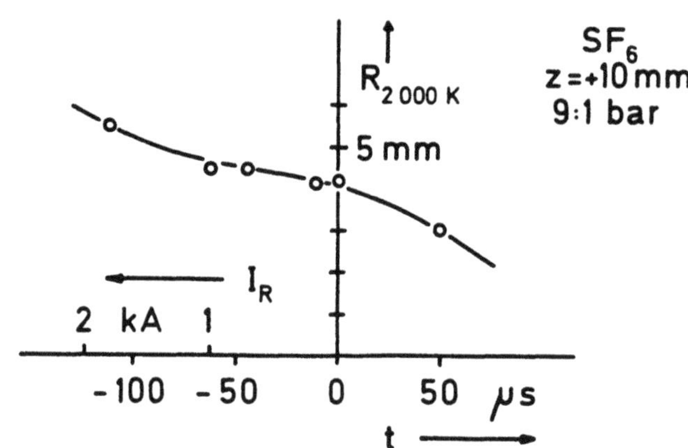

Bild 13 Abbau des heißen Bogenmantels in der Umgebung des Stromnulldurchgangs

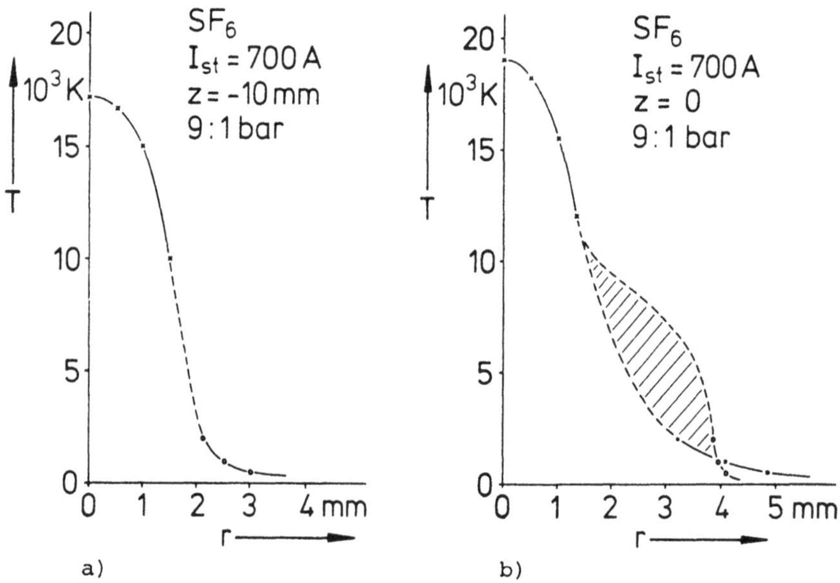

Bild 14 Gesamtprofil der Temperatur eines Experiments aus spektroskopischen und interferometrischen Messungen a) am Düseneinlauf bzw. b) an der Düsenengstelle

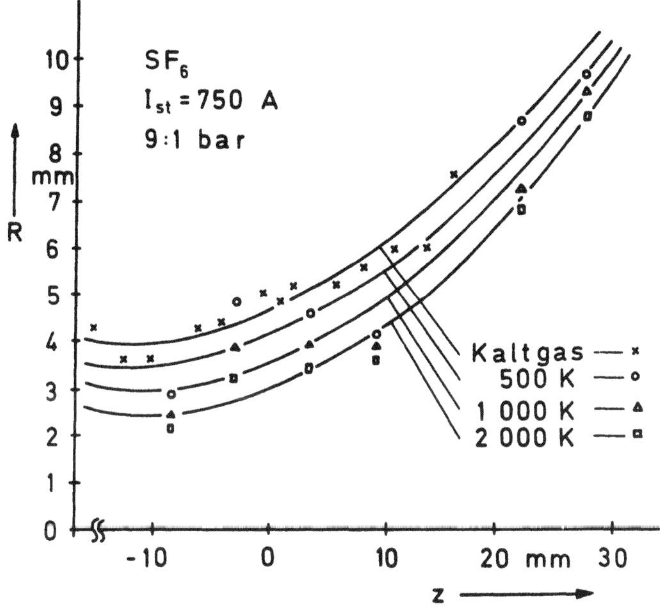

Bild 15 Isothermen des Lichtbogens in der Schaltstrecke

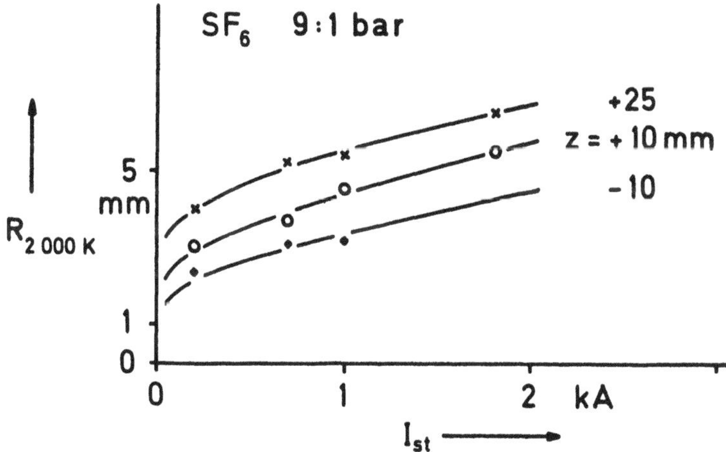

Bild 16 Radius der 2000 K-Isotherme in Abhängigkeit vom (stationären) Strom

GPSR Compliance
The European Union's (EU) General Product Safety Regulation (GPSR) is a set of rules that requires consumer products to be safe and our obligations to ensure this.

If you have any concerns about our products, you can contact us on

ProductSafety@springernature.com

In case Publisher is established outside the EU, the EU authorized representative is:

Springer Nature Customer Service Center GmbH
Europaplatz 3
69115 Heidelberg, Germany

www.ingramcontent.com/pod-product-compliance
Ingram Content Group UK Ltd.
Pitfield, Milton Keynes, MK11 3LW, UK
UKHW061700190726
13853UKWH00008B/2320

* 9 7 8 3 5 3 1 0 3 1 0 4 0 *